Discovery Education 探索·科学百科（中阶）

2级B2 珍贵的水资源

全国优秀出版社
全国百佳图书出版单位

广东教育出版社

中国少年儿童科学普及阅读文库

探索·科学百科™
中阶

珍贵的水资源

2级B2

[澳]凯特·麦克兰◎著

吴京(学乐·译言)◎译

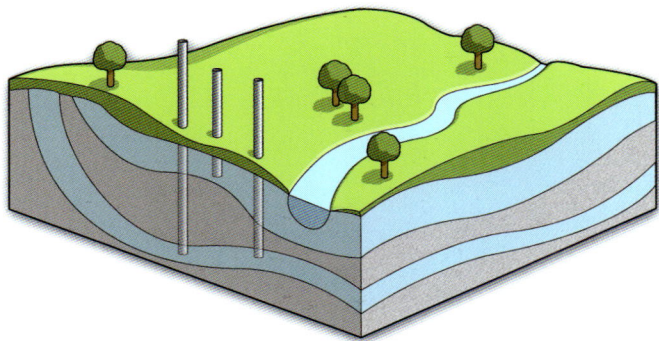

Discovery
EDUCATION™

全国优秀出版社
全国百佳图书出版单位
广东教育出版社

广东省版权局著作权合同登记号

图字：19-2011-097号

本书原由 Weldon Owen Pty Ltd 以书名*DISCOVERY EDUCATION SERIES·Water Is Precious*

（ISBN 978-1-74252-168-8）出版，经由北京学乐图书有限公司取得中文简体字版权，授权广东教育
出版社仅在中国内地出版发行。

图书在版编目（CIP）数据

Discovery Education探索·科学百科. 中阶. 2级. B2，珍贵的水资源/[澳]凯特·
麦克兰著；吴京（学乐·译言）译. 一 广州：广东教育出版社，2014.1
（中国少年儿童科学普及阅读文库）

ISBN 978-7-5406-9314-5

Ⅰ.①D… Ⅱ.①凯… ②吴… Ⅲ.①科学知识一科普读物 ②水资源一少儿读
物 Ⅳ.①Z228.1 ②TV211-49

中国版本图书馆 CIP 数据核字(2012)第153068号

Discovery Education探索·科学百科（中阶）
2级B2 珍贵的水资源

著 [澳]凯特·麦克兰　　　译 吴京（学乐·译言）

责任编辑 张宏宇 李 玲 丘雪莹　　**助理编辑** 能 昀 于银丽　　**装帧设计** 李开福 袁 尹

出版 广东教育出版社
　　　地址：广州市环市东路472号12-15楼　邮编：510075　网址：http://www.gjs.cn

经销 广东新华发行集团股份有限公司　　　　　　**印刷** 北京顺诚彩色印刷有限公司
开本 170毫米×220毫米　16开　　　　　　　　　**印张** 2　　　**字数** 25.5千字
版次 2016年5月第1版　第2次印刷　　　　　　　**装别** 平装

ISBN 978-7-5406-9314-5　　定价 8.00元

内容及质量服务 广东教育出版社 北京综合出版中心
　　　　电话 010-68910906 68910806　　网址 http://www.scholarjoy.com

质量监督电话 010-68910906 020-87613102　　购书咨询电话 020-87621848 010-68910906

目录 Contents

水世界

地球表面约有三分之二的面积是被水覆盖的。这些水大多存在于海洋中,属咸水。地球表面只有约3%的水是淡水,且淡水中的三分之二是以冰或地下水的方式蓄存的。所有的生物都离不开水,有些生物需要淡水,但是大多数生命体依赖的是咸水。生命体由细胞构成,而细胞中超过75%的成分是水。植物通过根部吸收水,将养分溶于水中,以水为载体送进细胞。动物血液的主要成分也是水,血液在体内流动,以运输溶解氧、营养成分以及废物。

一滴水中也有生命
图中所示的水蚤以及其他多种微生物生活在水中。有些种类的水蚤身长仅0.2毫米。

死海
位于约旦的死海,水中盐的浓度超出普通海水10倍,因此各种物体可以很轻易地浮在死海水面上,但是极少有生物能在此生存。

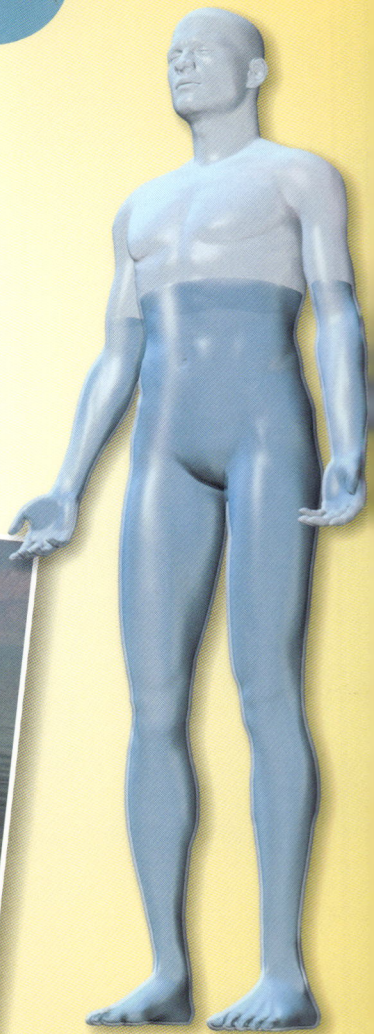

人体与水
人体的60%~70%是水。如果超过一周没有摄入清洁的淡水,我们的身体机能就会出现问题。

地下水

水从地表渗透进地下，进而保存在岩土层的空隙间，这便是溶洞中地下河的由来。

湖

四面都有陆地包围的水域称为湖。淡水湖为人们提供了饮用水。

河

地面上的水总是从高处流向低处，足够的水汇到一起便成了河。

冰川

在寒冷地区，多年的积雪和冰冻的河流经过一系列的物理变化转化成的天然冰体称为冰川。冰川中保存着地球上最多的淡水资源。

水循环

水 在地表不停地循环运动。海洋、湖泊、河流表面的水因太阳照射而受热蒸发，由液态变为气态，这也就是我们所说的水蒸气。当空气中的水蒸气饱和而无法继续蓄存时，气体便凝结，再度变为液态水。这种情况一般发生在空气变冷的时候。因为与热空气相比，冷空气能够蓄存的蒸气量较少。空气中的水凝结后，会包住空气中的灰尘或其他细小颗粒，形成水滴。许许多多水滴聚在一起形成云。随着水滴不断增多变重，在重力作用下，它们便以露水、雨、雪或者雾的形式降落下来。

雨云

云在气流的推动下移动，在此过程中，它们携带的水和冰晶就降落到陆地上或海洋里。

云的形成

水蒸气在不断上升的过程中凝结成水滴，水滴则逐渐聚集成云。

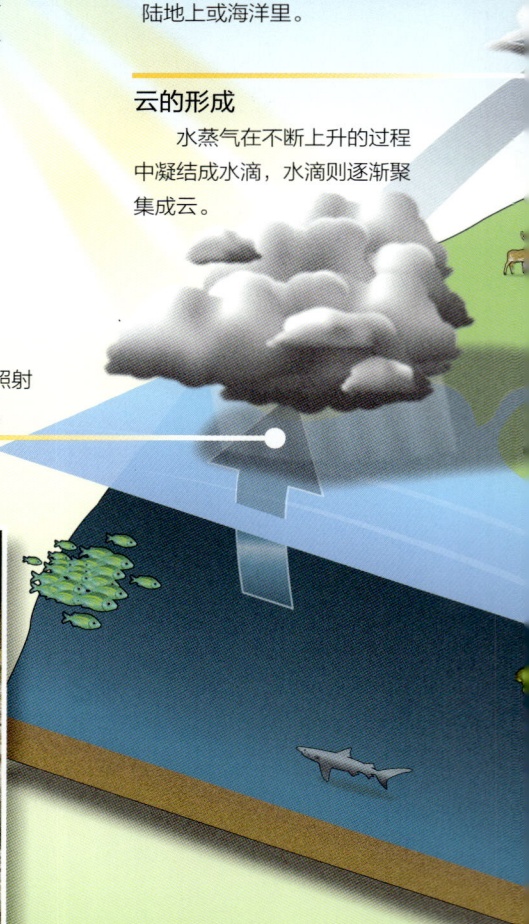

温泉

水蒸发的过程我们通常是看不见的。但是在温泉里，由于来自地球内部的热量使水温升得很高，水便以蒸汽的形式升腾，于是我们就看见了水蒸气。

蒸发

水受到太阳的照射升温，变为水蒸气。

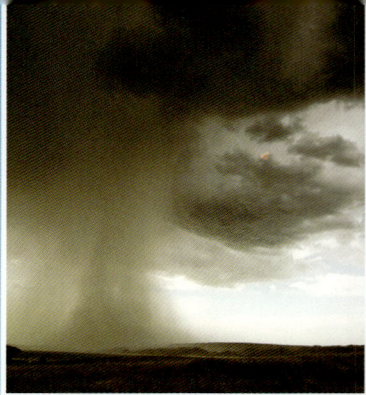

来于海，归于海

地球上的水始终在循环。海洋里的水变暖后上升为气体，形成云，再以降水的形式回到海里。循环往复，永不停息。

降水

当云中的水滴或冰晶过重时，就会形成降水。

水的分布

降到地表的水向低处流动，通常最终汇入海洋。

水的储存

有时，水不会返回大海，而是存于湖泊中。人们还会修筑大坝，建造人工湖或蓄水池，用于存水。

冰封的水

水 冻结成冰。在高山带以及地球的南北极，冰可谓最具特色的永久性自然景观。高纬度地区靠近极地，这里冬季多冰雪，天寒地冻的环境使动植物的生存面临着严峻的考验。如果动植物体内的水结成冰，就不能进行养分和化学成分的交换。此外，冰冻的水会使细胞壁扩大乃至破裂，从而损坏细胞壁。一旦细胞冻结，停止活动，生命体便会死亡。

隔热保暖

北极狐有着冬衣一般厚厚的皮毛，皮毛下是脂肪层，它还有毛茸茸的爪子，这些都可以避免身体的热量散发出去。

吸热取暖

北极熊厚厚的皮毛可以有效避免散热。它的每根毛都是空心的，这样阳光可以直接照到北极熊的黑色皮肤上。黑色的皮肤有助于吸收热量，让北极熊充分取暖。

一些生长在北极的昆虫，其血液能够防止冰的形成，所以能够在低于冰点的温度下生存。

避寒妙招

白杨树在秋天会逐渐失去水分，叶子因此慢慢变黄飘落。这就使得白杨树整体的水分含量降低，避免了在冬天被冻结。此外，白杨树体内余下的水分含糖量较高，即使碰上低温也不易冰冻。

秋天的白杨树

冬天的白杨树

气候变化

随着时间的推移，地球大气层的温度一直在变化。温度变低，结成冰的水增多，海平面就下降；温度升高，冰雪消融，海平面就升高，于是更多陆地就会被海水淹没。科学家们发现，地球正处于快速升温中。可以预见的是，冰雪融化后会带来大量的水，但是这并不等于我们就有更多可利用的淡水资源。天气模式的不断变化使水资源的可用性变得更加难以预测。

穿越白令海峡

大约2万年前，地球的温度比现在低8℃，海平面比现在低120米。当时，西伯利亚和阿拉斯加由陆地相连。然而，现在连接它们的陆地已相距80千米，其间的海域被称作白令海峡。曾经有大群的动物从亚洲迁徙至北美，追逐它们的猎人也随之迁移。

跋山涉水到美洲

冰架坍塌

南、北极附近的冰架以及冰川目前正在快速地变小。大块大块的冰常常径直落下。科学家预言，在不久的将来，冰川大量融化将使得海平面明显上升。

海平面上升后

2004年的亚洲海啸，袭击了印度东海岸。在马哈巴利普兰，海滩上的沙子被大量冲走后，淹没于海面下的古迹得以呈现在人们面前。这些古迹很可能是因为海平面上升而被水和沙子掩盖的。

洪水

短时间内的强降雨或者是大面积的冰雪融化，包括暴风雨导致的海水倒灌，都会引发洪水。洪水造成人员伤亡和财产损失，且经常发生。比如某些季风盛行的地区，夏季海风过境时，带来潮湿空气，便会引发大量降雨，严重时就会引发大洪水。

洪灾纪实

　　2008年中国南方发生洪灾，130万人被疏散，252人死亡，逾220万公顷农田被淹没，大量庄稼损毁。

开闸泄洪

生活在洪水频发地区的人们可以采取一些防范措施，如修筑防洪堤坝避免洪水破坏人居地。堤坝可以控制水流，储蓄供饮用、灌溉及发电用的水源。如果发生强降雨，人们可以开启防洪闸，放出多余的水，但必须要提前告知下游居民水量的变化。

架空建筑

柬埔寨洞里萨湖附近的房屋，架空高度达6米，碰上雨季水面升高的时候，这样的房屋可以避免进水。

年年洪水

孟加拉国的恒河三角洲因为每年一次的洪水带来大量的淤沙，土地非常肥沃。但是，每一年这里的河岸都会被洪水冲垮，造成房屋倒塌、农作物损失，甚至人畜死亡。

滥伐的后果

森林地区的土壤富含大量腐烂的树叶和木质，因此土壤肥厚且具有很强的吸附性。发生大量降雨时，森林地区的土壤能够吸收大部分降水。但如果森林遭到砍伐，那么降水就会径直冲刷地表的土壤，进一步加剧洪水泛滥。

干旱地区

图中所示的是1980~2000年间全球的干旱地区。

北美洲
欧洲
亚洲
非洲
南美洲
大洋洲
南极洲

图注
- 轻度干旱
- 严重干旱
- 极度干旱

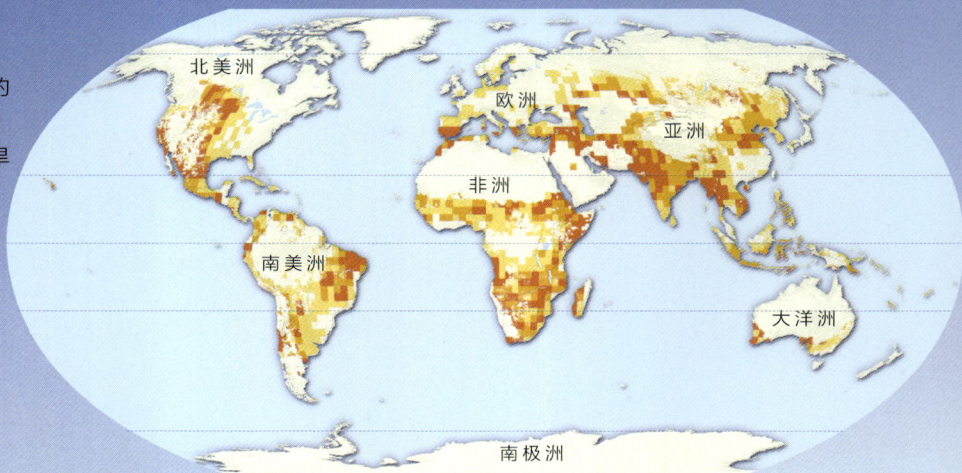

干旱

如果某地区在相当长的一段时间内降水量低于正常值，我们称之为干旱。长年累月的干旱会带来灾难性后果，其中最严重的是饥荒。有人饿死，有人因过度虚弱而死于疾病。这时候即便有降雨也往往无济于事，因为这时农民手里既没有可种植的作物种子，也没有可繁殖的畜禽。

输水工程

　　在美国干旱的南达科他州，修建有输水管道，将密苏里河的水送至南达科他州的农田。

墨累河

　　一场持续7年的干旱使得澳大利亚东部的墨累河严重缺水，农民们无法种植农作物。科学家们担心，这场干旱对墨累河生态系统的破坏将无法修复。

污水

人类长期以来一直向水中倾倒垃圾，让江河海洋带走它们。有时候人们蓄意向河里排放污水和工业污染物，向海里倾倒垃圾。另外的一些情况是因为发生了事故，废物最终排入水里，如漏油事故；或者化学物质、动物排泄物等污染物被雨水冲刷进入水中。随着人口增长，污染也在加剧，越来越多的淡水遭到严重污染而不能被利用。

城市街道和垃圾场的污物

海上倾泻废物

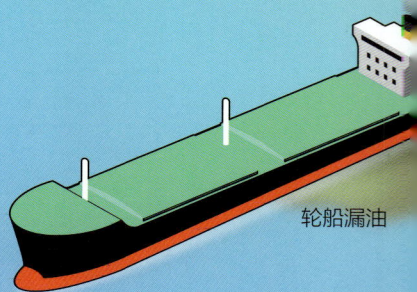

轮船漏油

清理泄漏的油污

2009年，西伯利亚一家发电厂发生爆炸，油污进入叶尼塞河。虽然已逐步采取措施清理油污，但还是造成养殖鱼类以及大量野生动植物死亡。

危及野生动植物

　　水中的垃圾会对野生动植物造成危害。这只海鸥的头被塑料裹住，可能会令它无法进食。

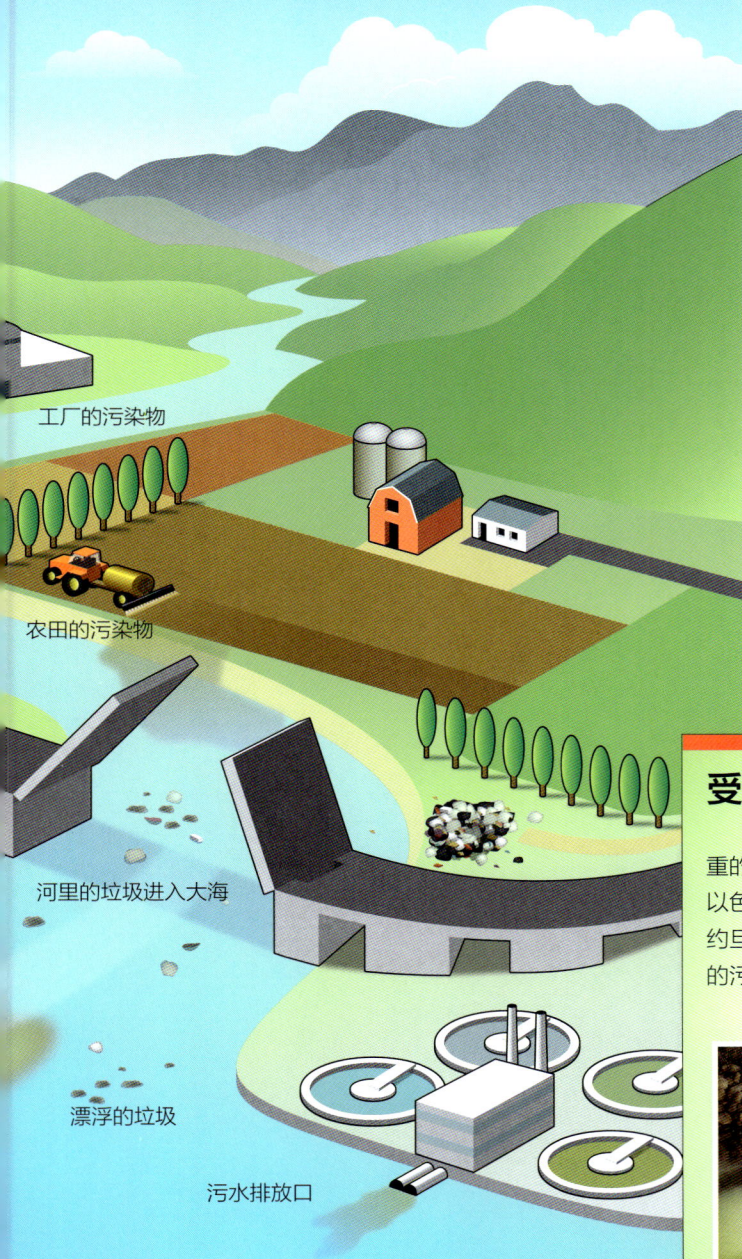

工厂的污染物

农田的污染物

河里的垃圾进入大海

漂浮的垃圾

污水排放口

受污染的河水

　　历史上著名的约旦河是全球受污染最严重的河流之一。约旦河流经叙利亚、约旦和以色列，三个国家都从河里取水用，这使得约旦河的流量减少了90%。然后，未经处理的污水以及其他污染物直接被排进了河里。

这些廊柱竖立在浑浊的约旦河里

流向别处的污染物

　　我们排进河里或海里的污水、化学废物以及垃圾不会自行消失。它们随水流漂向其他地方，往往会对整个生态系统以及其他地区的人们造成危害。

灌溉

因为降雨的发生难以预测，农民不能完全依靠风调雨顺来种植作物，饲养畜禽。人类通过灌溉这种方式控制农业用水的供应，至少已有 5000 年的历史。下雨的时候，人们用堤坝将雨水储存起来，这样干旱时节就可以把河流或蓄水池中的水通过灌溉渠和其他管道提供给需要水的农田、作物以及牲畜。

中国

长久以来，中国农民就使用一种简单的设备实施灌溉：把桶用绳子拴住，系在一根活动的杠杆上，就可以将水从一个灌溉渠引到另一个灌溉渠。

乌尔（古伊拉克）

乌尔是人类历史上最早的城市之一。专家认为，几个农耕区在气候变得越来越干燥时联合建立的农田灌溉系统，推动了乌尔的发展。图片所示的是当时的城市统治者的坟墓。

堤坝：建，还是不建

堤坝能发挥挡水、泄洪、发电、灌溉等积极作用，但也会带来一些负面问题，比如会造成生态破坏，导致大量的移民，还会淤积大量的泥沙，使下游肥沃的冲积土减少等。

正在建设的堤坝

吴哥（柬埔寨）

高棉王国时期，人们建立起灌溉系统，将雨季的降水集中在蓄水池里，水稻种植因此得以推广，高棉王国也因而兴盛。后来，洪水裹挟的泥石流堵塞了灌溉渠，这或许也是造成高棉王国覆灭的原因之一。

澳大利亚

澳大利亚大部分地区降水很不规律，如果没有储水和灌溉等措施，农业生产将无法进行。灌溉渠道的建立，有助于减少蒸发造成的缺水现象。

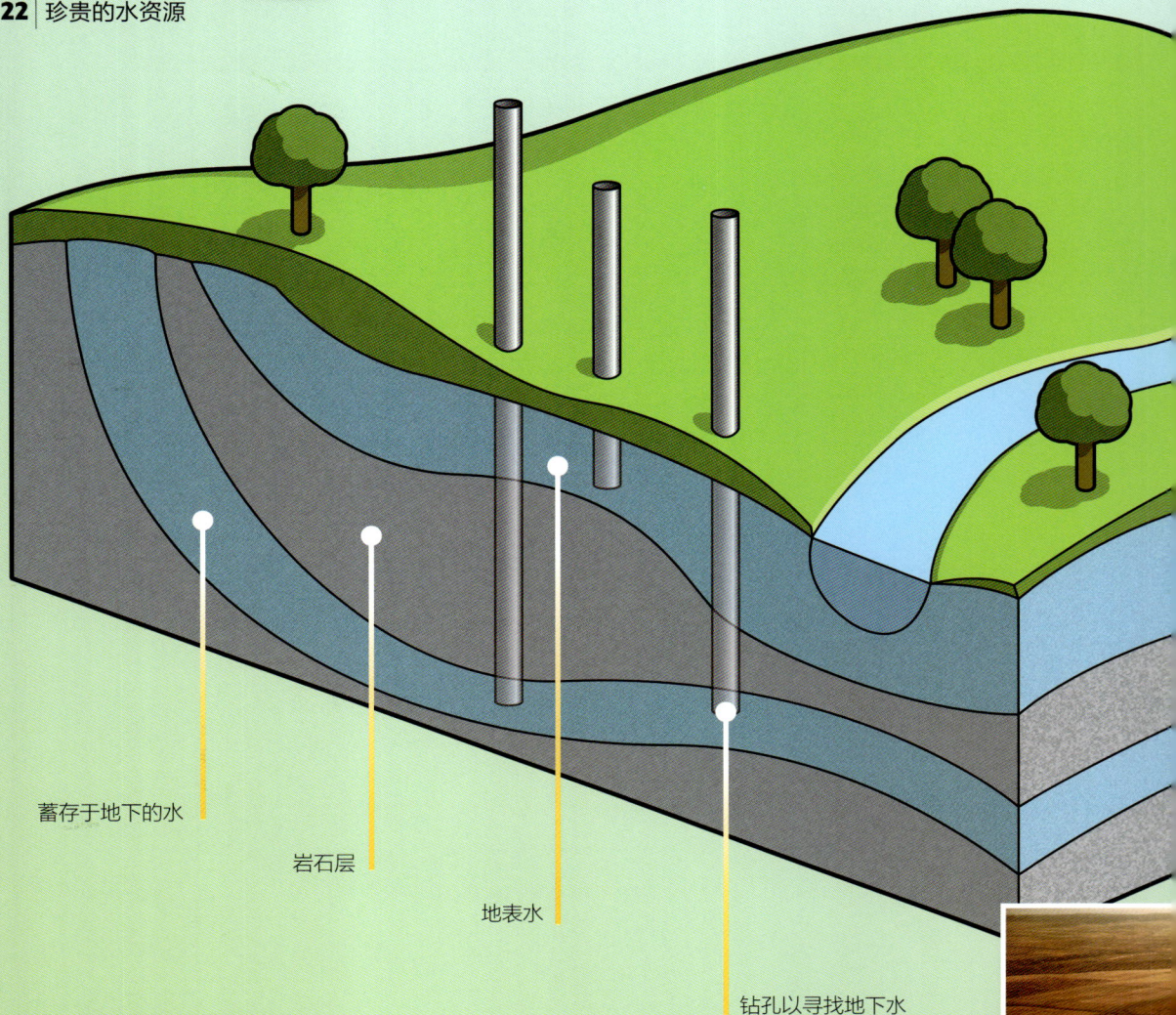

蓄存于地下的水

岩石层

地表水

钻孔以寻找地下水

地下取水

部分地区地表水量有限，但在地下深处蕴藏着丰富的水，沙特阿拉伯就是个例子。沙特阿拉伯当地没有河流湖泊，含水层深埋在沙漠下面。过去人们通过打井找水，再用桶把井水取上来。如今则是利用钻孔设备打到更深的地下，再把水泵上来。这些水可以作为饮用水、农业用水和工业用水。

潜藏的储水区

　　有些降雨渗透到地下，被岩层或土壤阻拦而得以保存。有些地下蓄水区或含水层的形成过程长达数千年。现在，人们用水泵将地下水引至地表加以使用。

以色列的农业灌溉

　　虽然以色列国内大多是沙漠，但他们仍然致力于自己耕种粮食。为了达到这一目的，以色列充分地利用了地下含水层。以色列和别国享有共同的地下含水层，因此在用水问题上，常常发生地区争端。

奥加拉拉含水层

　　这一片辽阔的地下浅水层覆盖了将近三分之一的美国农业用地。但是部分地区的水已经消失，因为地下水被取用的速度，已经远远超过了它的补充速度。

咸水淡化

地球人口增长很快，但是清洁淡水的供应量却在减少。全球有多个地区正面临着水资源短缺的困境。在减少用水量的同时，人们也开始进行咸水淡化，将盐分从水中去除，得到淡水。淡化后的水既可用于饮用，也可用于农业。不足之处在于，咸水淡化耗能过高，费用高昂，并且会造成环境污染。

从咸水到淡水

咸水在淡化水罐中受热，形成蒸汽，留下盐分。蒸汽遇冷后凝结，形成的水滴即为淡水。

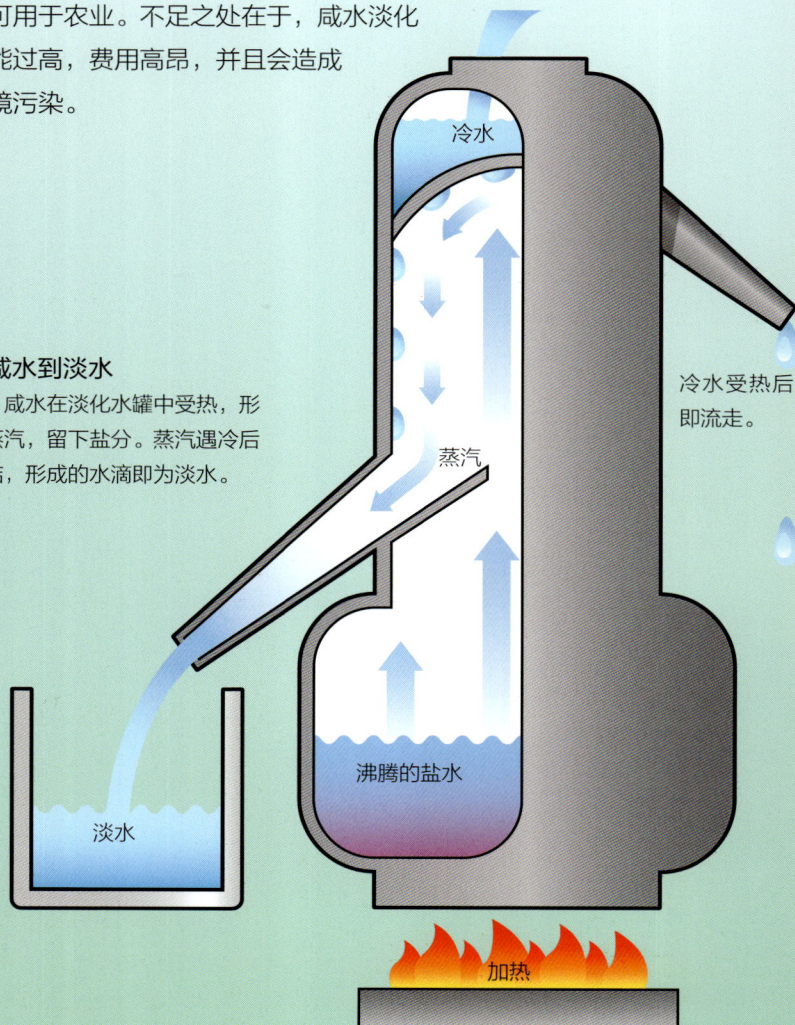

冷水

冷水受热后即流走。

蒸汽

沸腾的盐水

淡水

加热

制造水

兰萨罗特是西班牙加纳利群岛中的一个岛，这里非常干燥。1960年代，这里刚成为旅游胜地时，尚无足够的水供应给旅店和旅游景点。现在，随着咸水淡化工厂的建成，这里99%的用水都来自这家工厂。

滤水器

    图中所示的是北美最大的咸水淡化工厂，位于坦帕湾。海水流经这些高压过滤器后，盐分就会被去除。

用水有别

所有人都用水，但不同地区的人用水量是不一样的。有的国家和地区用的多，有的则用的非常少。我们看见的用水包括洗涤、清洁还有饮用水，但我们消耗用的水还不止这些。我们吃的、用的东西，其生产过程都离不开水。比如，在生产鸡蛋的过程中，养殖鸡需要水，鸡饲料需要水，造鸡舍的金属或木材生产过程中也需要用到水。

取水

在很多地区，取水并非易事，往往是妇女和儿童在水井或河边取水后带回家。

你知道吗？

有些国家没有足够的水来生产用水量高的商品，只能依赖进口。比如说，沙特阿拉伯就不种植小麦，而是进口小麦。

要多少水呢？

一张纸	一杯咖啡	一加仑牛奶

10 升	150升	3 800升

"水足印"

这个"水足印"展示了以下几个国家平均每人的直接或间接用水量。不同的国家足印相差非常大。

俄罗斯	1 858 立方米
澳大利亚	1 607 立方米
巴西	1 381 立方米
沙特阿拉伯	1 263 立方米
英国	1 245 立方米
日本	1 153 立方米
孟加拉国	896 立方米
秘鲁	777 立方米
肯尼亚	714 立方米
中国	702 立方米

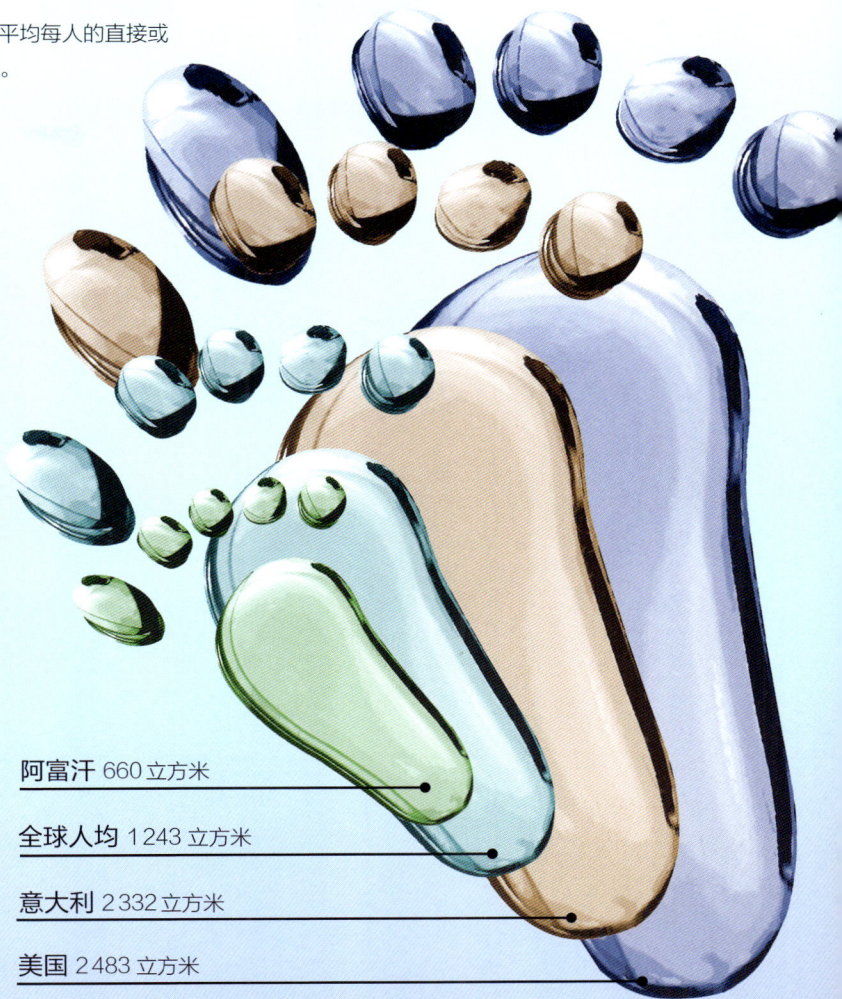

阿富汗 660 立方米

全球人均 1 243 立方米

意大利 2 332 立方米

美国 2 483 立方米

我们的用水量取决于我们用水来做什么。以下便是每1千克食品和其他日用品的每月用水量。

牛肉	小麦	大米	土豆	鸡蛋	奶酪	苹果

16 000 升	1 350 升	3 400 升	250 升	1 928 升	5 000 升	700 升

节约用水

所有的生物都需要清洁的水。地球上急速增长的人口，使得这个星球上的水资源已经到了非常紧张的地步。我们每个人都可以出一份力，为我们，也为我们的后代保护水资源。

清理水道

我们每个人都应当参与进来，保证水流经之处清洁卫生，没有垃圾，这一点很重要。

节水成功的范例

澳大利亚的墨尔本近年来频遭受干旱，供水量急剧减少。政府鼓励人们节约用水，人均每日用水量得以迅速下降。

253升	239升	239升	220升	200升	177升	153升
1997	1999	2001	2003	2005	2007	2009

街道清扫

除了不能饮用，再生水可用于很多场合。

平常如何节约用水

1杯=250毫升　　　　　　　1桶=7.5升　　　　　　　1水龙头=每分钟11升

浴室

　　平均每个家庭每天打开水龙头70次。大多数的浪费都发生在浴室。

用肥皂擦洗手的时候，把水龙头关上，冲洗的时候快一点。

节约6升

洗3分钟淋浴，不洗盆浴。

节约57升

空苏打饮料瓶里装上水，然后放进马桶水箱里。

每次冲马桶的时候节约1升

刷牙时关掉水龙头。

节约15升

花园

　　在院子里帮忙当然很有趣，但是记得多一个步骤，可以让我们由此开始节约用水。

洗车的时候用桶装水冲洗肥皂泡沫水，不用软管喷水。

节约3 505升

种植用水量不大的树木花草。

节约80%的用水

早晨浇水，减少水蒸发。

节约70%的用水

不用水管冲洗道路，用扫帚清扫。

节约113升

厨房

　　在行动前记得先想一想！衬衫确实要洗了吗？做其他事的时候能不能把水龙头关上？

只在衣服确实脏了的时候才把它们放进洗衣篮里。

每次洗衣节约41.6升

需要多少热饮就刚好烧多少水。

节约1升

在盆里洗蔬菜，不用流水洗

节约11升

洗碗机装满水后再开始洗碗。

每次节约23升

瓶中的雨

这个简单的实验可以告诉我们雨是如何形成的。使用热水的时候要小心烫伤。

1 向瓶中灌进三分之一的热水。

2 把瓶盖擦干，放在瓶口上方，但注意要反过来放。

3 把冰块放在开口朝上的瓶盖里。

4 过几分钟再来看，瓶盖背面有什么？

瓶中的水蒸汽上升，遇到冷的瓶盖，水蒸气便会再度凝结成水。

知识拓展

含水层 (aquifer)
含有水的岩石、碎砾或沙层。

钻孔操作 (boring)
钻进去或钻透。

细胞 (cell)
生物体的最基本单元，只有通过显微镜才看得见。

三角洲 (delta)
河流流入海时形成的三角形的冲积平原。这里地势低平，水网密布。

生态系统 (ecosystem)
环境中互相影响的因素共同组成生态系统。例如，河流生态系统包括鱼、植物和微生物。

疏散 (evacuated)
撤离，或者让人员转移。

产生 (generate)
发生，造成。

灌溉 (irrigation)
通过管道、沟渠向农田供水。

制造 (manufacture)
制作某样东西，特别指规模化大量制作同样的东西。

季候风 (monsoons)
一年内大范围盛行风向随季节有显著变化的风，一般会带来降雨。

营养物质 (nutrients)
生命体吸收这种物质，以产生能量。

生命体 (organisms)
有生命形态的独立个体，能对外界刺激做出相应反应。

工厂 (plant)
用于生产制造的场所，包括厂内建筑和机器。

污染物 (pollutant)
排放到环境中的有害物质。

水库 (reservoirs)
拦洪蓄水和调节水流的水利工程建筑物。

资源 (resources)
食物、水、土地，或有价值的物品、材料等。

径流 (runoff)
降水没有被土地吸收而形成的地表水流。

破坏 (rupture)
损坏或破裂 。

污水 (sewerage)
从人居处经管道排出的废水。

难以预料 (unpredictable)
事前很难知道的。

探索·科学百科™

Discovery EDUCATION™

世界科普百科类图文书领域最高专业技术质量的代表作

小学《科学》课拓展阅读辅助教材

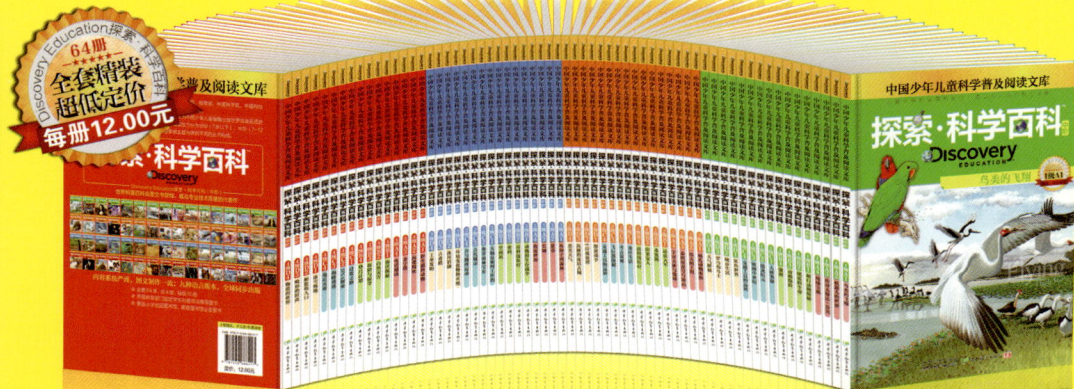

64册
全套精装
超低定价
每册12.00元

Discovery Education探索·科学百科（中阶）丛书，是7~12岁小读者适读的科普百科图文类图书，分为4级，每级16册，共64册。内容涵盖自然科学、社会科学、科学技术、人文历史等主题门类，每册为一个独立的内容主题。

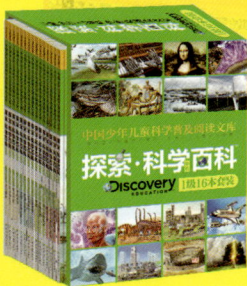

Discovery Education
探索·科学百科（中阶）
1级套装（16册）
定价：192.00元

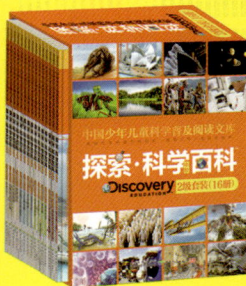

Discovery Education
探索·科学百科（中阶）
2级套装（16册）
定价：192.00元

Discovery Education
探索·科学百科（中阶）
3级套装（16册）
定价：192.00元

Discovery Education
探索·科学百科（中阶）
4级套装（16册）
定价：192.00元

Discovery Education
探索·科学百科（中阶）
1级分级分卷套装（4册）（共4卷）
每卷套装定价：48.00元

Discovery Education
探索·科学百科（中阶）
2级分级分卷套装（4册）（共4卷）
每卷套装定价：48.00元

Discovery Education
探索·科学百科（中阶）
3级分级分卷套装（4册）（共4卷）
每卷套装定价：48.00元

Discovery Education
探索·科学百科（中阶）
4级分级分卷套装（4册）（共4卷）
每卷套装定价：48.00元